U0169008

蓝鹦鹉格鲁比
科普故事
山间历险

〔瑞士〕丹尼尔·穆勒　绘　　〔瑞士〕大卫·库林　著

刘润霞　译

中国水利水电出版社
www.waterpub.com.cn
·北京·

内 容 提 要

本书是《蓝鹦鹉格鲁比科普故事》系列图书中的一本，是一本探索山间世界的少儿科普读物。为了帮助奇奇回到它在山间的家，格鲁比和奇奇开启了一次妙趣横生，而又惊险重重的山间探险之旅。在旅程中，他们遇到了各种各样的问题：在山中迷路了怎么办？遇到打雷闪电怎么办？怎样判断天气情况？在山间小屋住宿需要准备些什么？此外，他们还在山中遇到各种各样的人和动植物，并从中了解到关于大自然、山农、天气现象、矿石、徒步旅行、高山运动和棚屋生活等方面的知识。全书文字浅显易懂，故事生动有趣，小读者从中可以学到很多知识。

图书在版编目（CIP）数据

山间历险 / （瑞士）大卫·库林著 ；（瑞士）丹尼尔·穆勒绘 ；刘润霞译. -- 北京 ：中国水利水电出版社，2022.3（2022.9 重印）
（蓝鹦鹉格鲁比科普故事）
ISBN 978-7-5226-0467-1

Ⅰ．①山… Ⅱ．①大… ②丹… ③刘… Ⅲ．①自然科学—少儿读物 Ⅳ．①N49

中国版本图书馆CIP数据核字（2022）第024596号

Globi in der Bergwelt
Illustrator: Daniel Müller /Author: David Coulin

Globi Verlag, Imprint Orell Füssli Verlag,
www.globi.ch

北京市版权局著作权合同登记号：图字 01-2021-7211

书　　名	蓝鹦鹉格鲁比科普故事——山间历险 LAN YINGWU GELUBI KEPU GUSHI —SHANJIAN LIXIAN	
作　　者	〔瑞士〕大卫·库林 著　 刘润霞 译	
绘　　者	〔瑞士〕丹尼尔·穆勒 绘	
出版发行	中国水利水电出版社 （北京市海淀区玉渊潭南路1号D座　100038） 网址：www.waterpub.com.cn E-mail：sales@mwr.gov.cn 电话：（010）68545888（营销中心）	
经　　售	北京科水图书销售有限公司 电话：（010）68545874、63202643 全国各地新华书店和相关出版物销售网点	
排　　版	北京水利万物传媒有限公司	
印　　刷	天津图文方嘉印刷有限公司	
规　　格	180mm×260mm　16开本　6印张　96千字	
版　　次	2022年3月第1版　2022年9月第3次印刷	
定　　价	58.00元	

前言

亲爱的小伙伴们：

你们是不是也像蓝鹦鹉格鲁比一样，去探索过山间世界呢？

在这本书里，格鲁比遇到了在闹市中迷路的岩羚羊奇奇。要知道，奇奇可是瑞士阿尔卑斯山俱乐部（SAC）的标志性动物呢！多亏了它，格鲁比才有机会认识美妙的山间世界。

出发前，格鲁比必须准备好各种装备及必需品，包括结实的鞋子、保暖的衣服、一些食物、地图等，这样就能应付户外之旅了。他还认识到观察天气的重要性，因为在山里遇到雷雨和雾是很危险的。

来到山里后，他们发现了好多新奇的事物。原来，山间到处都充满生命的活力。这里不仅可以看到花草和动物，还有各种人。他们有的就住在山里，有的在山间工作，还有的只是来游玩。就连冰川都是活着的，因为它们在不断地移动和变化，只是速度很慢。格鲁比和奇奇还了解到山脉是怎样形成的，为什么能在深山里看到水晶和贝壳化石。

此外，人们还可以在山间组织各种有趣的活动，比如徒步旅行、攀岩、滑雪或者观察动物。但在山间活动时，需要考虑到我们的行为对大自然可能造成的危害，要注意保护大自然。我们的两位小主人公还发现：瑞士阿尔卑斯山俱乐部在山里开设了很多山间棚屋，接待前来徒步旅行和爬山的人，让他们可以在这里休息和用餐。

是的，山间确实是个美妙的世界，奇奇找到了自己的家园，决定留在这里，而格鲁比却要返回闹市，但他会再回到山间看望奇奇的。

我希望你们也像格鲁比一样，去探索山间世界。在大自然中快乐成长！

弗朗索瓦丝·贾克特

瑞士阿尔卑斯山俱乐部（SAC）总部主席

目 录

一次奇遇

格鲁比正走在回家的路上，突然，他听到汽车的喇叭声和人们激动的呼喊声："路中间有一只山羊！"山羊？不，更准确地说，那是一只岩羚羊！

　　格鲁比首先拦住了前行的车辆，接着大声喊道："嘿，岩羚羊，你迷路了！快离开马路。"格鲁比把岩羚羊带到安全的人行道上。岩羚羊告诉格鲁比："我是从动物园里跑出来的，因为那里实在太无聊了。呃，我叫奇奇。"

　　"那你现在打算去哪里？"格鲁比问。"当然是回到大自然啊！"奇奇大声说。接着它又难过地说："要是我知道山在哪里就好了……"

　　格鲁比明白了：他得帮助奇奇。"奇奇，不如我陪你去山里吧！"

　　可是奇奇不是很确定。"我根本不认识山，"它说，"我只是从我父母那里听说过山……""那我们就一起去探索大山，"格鲁比说，"走吧！"

去山间！

　　格鲁比带奇奇来到一个瞭望台。从这里，他们可以清晰地看到阿尔卑斯山，仿佛他们就站在山的前面。"看！奇奇，那就是阿尔卑斯山，你们的家园。那里有陡峭的山崖、鲜嫩的青草和各种香草，还有清澈的泉水。"

　　奇奇激动地喊道："太棒了，我父母总是给我讲，说那里有多么多么美！""那我们快出发吧！"格鲁比喊道。

你能在图上看到瑞士最有名的山峰之一。你能说出它的名字吗？答案在第 88 页。

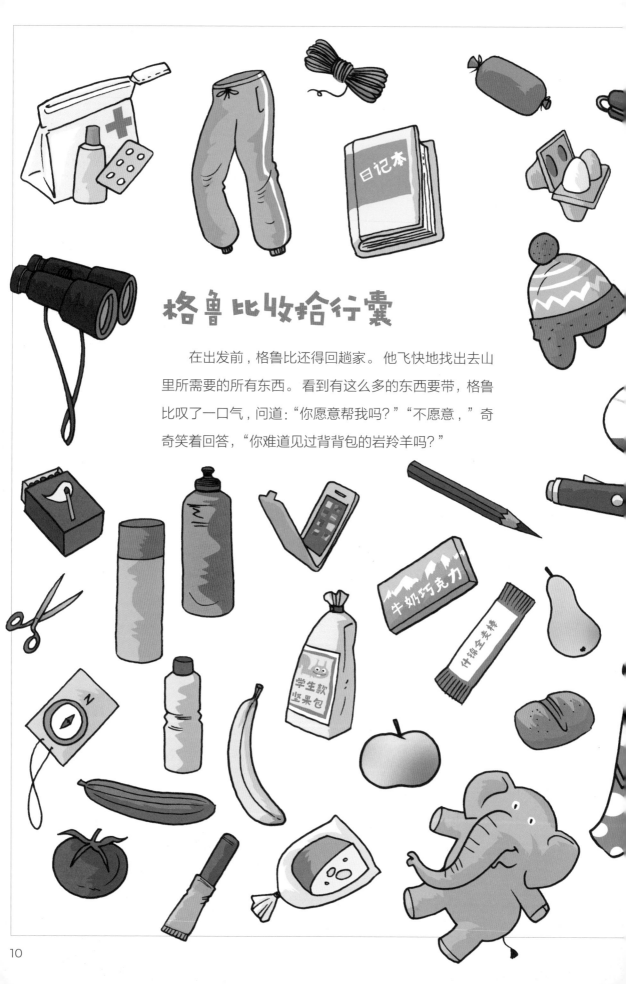

格鲁比收拾行囊

在出发前，格鲁比还得回趟家。他飞快地找出去山里所需要的所有东西。看到有这么多的东西要带，格鲁比叹了一口气，问道："你愿意帮我吗？""不愿意，"奇奇笑着回答，"你难道见过背背包的岩羚羊吗？"

如果你打算徒步旅行一天，你需要带上哪些东西？答案在第88页。

整装待发

　　格鲁比先穿上薄外套，又套了一件厚外套。"这样我就能够应对温度的变化了。"他解释说。接着，格鲁比系上登山鞋的鞋带。"你这是要干吗？"奇奇笑着问。"你不用穿的，"格鲁比说，"你的蹄子比登山鞋好使多了！"

奇奇顺手拿了一件格鲁比的外套，试着想穿上。格鲁比笑着说："你不用穿衣服。你有皮毛，永远都不会出汗和着凉的。"

你可以在图上看到其他动物，它们因为有皮毛，所以从来不用考虑穿什么衣服。你认识它们吗？答案在第 88 页。

现在怎么办？

　　"我们到底去哪儿？"奇奇问。格鲁比答道："问得好。"接着，格鲁比把背包里的东西都取出来。"这是一张地图，"他解释道，"我可以在上面查看徒步旅行的路线，还有公路、铁路和其他交通路线。""你怎么知道火车什么时候开？"奇奇问。格鲁比拿起手机答道："我能在网站上很快找到铁路列车时刻表，上面有这些信息。"

出发地

目的地

火车出发时间

舍比尔酒店

贝拉尔普度假村

接着，他从背包里找出一张宣传单。"看，我们可以朝着缆车站的旅店走。"他说。"这地方看上去很漂亮，"奇奇说，"可是，那儿会有草吃吗？"

主干道

乡间小路

邮政巴士路线

徒步旅行路线

铁路线

洛特史塔克

菲斯特山峰
观光缆车

徒步旅行线路图

1：50000
瑞士国家地图

徒步旅行路线：

阿尔卑斯山
古商道

聪明人乘火车出行

　　不一会儿，格鲁比和奇奇就坐上了去往山间的火车。他们沿途看到长长的车队。"我无法想象开车去旅行，"奇奇说道，"那样我就得一直坐着！"格鲁比也更喜欢坐火车。"开车的话，我们必须每次都得到停车场，但要是坐火车，我们就可以步行，想走到哪儿就走到哪儿。再说了，也不是只可以坐火车。""那还能坐什么？"奇奇问。"噢，还有好多其他的交通工具，我指给你看。"格鲁比大声说："邮政巴士、悬空缆车、缆索电车、齿轨电车、渡轮……"奇奇觉得有点奇怪：在空中悬浮？在水上行驶？

蓝湖缆索铁路

在图上指出，哪个是悬空缆车，哪个是缆索铁路，哪个是齿轨铁路，你能看出它们之间的区别吗？答案在第88页。

库尔姆齿轨铁路

偶遇气象学家

"火车到达终点，请旅客们下车！"广播里传过来嘹亮的声音。格鲁比和奇奇很快下了车，开始步行。

他们在山路上遇到一个人，那人主动和他们聊了起来："去山间之前，你们可要先看看天气情况。"

"您是谁呀？"格鲁比惊讶地问。"我叫乔纳斯，是气象学家。"对方说。

"怎么才能知道天气是好是坏呢？"格鲁比问。"天空中有很多迹象会告诉我们。"乔纳斯回答，"比如，山脉清晰可见，而且云朵很小，看上去像花菜一样，或者偶尔还能看到鲜艳的晚霞，这些都是好天气的迹象。"

看，这些云朵看上去很像花菜。你还看到过其他形状的云吗？把它们画出来吧。

如何预测天气？

"那怎样判断天气要变坏呢？"格鲁比问。"如果越来越多的云遮住太阳，飞机的尾气持久不散去，或者天空出现鲜艳的早霞，这些都表示空气中的湿度很高。还有草地上的牛变得倔强不听话，岩羚羊吃草的时间更长，蚊子在你的头部周围乱飞等。"乔纳斯回答。

"太好了！"格鲁比喊道，"那么，我只需要看奇奇吃草的时间有多长，就能推测出天气情况了！""你觉得很好玩儿，是吧？"奇奇有点不耐烦地说道。

从乔纳斯的口中我们了解到：天气变坏时，蚊子一类的飞虫会在头部周围乱飞。此外，燕子也会飞得很低。为什么？答案在第 88 页。

遇到打雷和闪电怎么办?

在一个路口，乔纳斯要与格鲁比和奇奇分别了。"当心点，马上要下暴雨了！"乔纳斯在他们身后大声提醒道。可是他们已经听不见了，径直向山上走去，边走边享受着眼前的美景。

突然，天空暗了下来。顷刻间，天空中乌云密布，厚厚的云层看上去很吓人，接着出现了一道闪电，随后就是一阵隆隆的雷声，很快就下起雨来。

好在，乔纳斯还告诉了他们遇到打雷和闪电该怎么做。格鲁比把手中的冰镐放到一块石头下面，让它远离自己。因为金属会吸引闪电。

"千万不要在单独的一棵大树底下避雨。"奇奇大声说，"树可能会被闪电击中！"

他们看到不远处有一块突出的岩石，下面可以避雨。两人飞快地跑到下面躲起来，但全身已经湿透了。

"现在我知道，我刚才为什么那么紧张了。"奇奇说，"我们岩羚羊在暴雨来临之前都会很紧张。""现在我知道，要听从乔纳斯的建议，观察云的变化。"格鲁比惭愧地说。

在图上，你能看到 6 个用数字标出的位置，其中 3 个位置在下暴雨时适合避雨，另外 3 个不适合。你能指出哪些位置是安全的吗？答案在第 88 页。

当心：起雾了！

　　好在，这吓人的一幕很快就结束了，雷雨已经过去。然而，不知不觉中，弥天大雾正在向他们袭来，把他们包围。"我们得继续向前走，"格鲁比说，"我们必须在天黑之前到达旅店。"说着，他已经消失在雾里。不一会儿，奇奇就听到呼救声。格鲁比被什么东西绊倒了。"我只顾着找路，却忘记了留意脚下！"他说道，"现在，我完全不知道在哪儿！""你不是有地图吗？在地图上看我们在哪儿。"奇奇提议。"对了！"话音刚落，格鲁比已经打开地图。"我认为，我们在这儿……不是，在这儿……"他一边看，一边嘀咕着。"听起来，你也不是太确定啊。"奇奇说。

突然，格鲁比想到一个好主意！"手机上面有地图，在地图上可以看到我们现在所在的位置。"他叫道。格鲁比在手机上乱摁一通，脸色变得苍白。"这里没信号，"他说，"现在唯一对我们有帮助的东西就是 GPS。""GP 什么？"奇奇问。"GPS。它能直接接收卫星发送的信号，可以显示我们当前所在的位置，"格鲁比解释道，"但是我们现在接收不到信号。"

奇奇试着让自己镇定下来，说道："我们最好就在石头上坐下来等，也许雾会散去。"

如果格鲁比独自一人去探路，你认为这样做正确吗？答案在第 89 页。

迷路了怎么办？

这次，格鲁比和奇奇又很幸运：雾很快散开了。格鲁比激动得跳起来，奇奇笑着说："格鲁比，你屁股上是什么东西？"

是湿颜料！不远处，一个男人正在石头上用颜料画路标。"哎呀，"他说，"你裤子上的颜色不容易洗掉的！""这是什么标志？"格鲁比问。"这个黄色的标志表示，你们走的是一条低难度的徒步路线。"男子说。他的名字叫菲诺拉。"如果路比较难走，我就在上面画上白一红一白条纹。非常难走的路线我用白一蓝一白条纹做标记。"

以下的陈述，适用于哪个标志：黄色标记、白—红—白标记，还是白—蓝—白标记？

1. 在这条路上，我可以穿着球鞋乱跑。

2. 这条路上会有绳索和台阶，相对难走一些。

3. 这条路虽然很陡，但并不危险。

答案在第 89 页。

按照地图上的路线走

　　"现在，我想先知道我们在哪儿。"格鲁比说着，摊开了地图。他很高兴，菲诺拉可以帮他解读地图。"看到下面那个村子了吗？在地图上看是这儿。"菲诺拉指着一群密密麻麻的黑色小方块儿说，"蛇形线表示公路，你往那边看，就是从上面垂直向下的那条路。我们现在站在森林边上的这个位置。"

　　"后边山坡上的瞭望塔在地图上怎么找？"格鲁比问道。"还有，在那边的森林边上有一块美丽的草地，长满嫩草，它在地图上怎么找？"奇奇忙问。

　　"瞭望塔、森林边缘和好多其他东西在地图上都有特殊标志。我们称它们为图例。如果懂得识别这些图例，你就会识别方向了。"菲诺拉解释道，"等高线也很有帮助，多亏它们，我们才能看到几乎是三维立体的地形。""可是，在地图上，所有的东西都比实际当中小很多。"格鲁比不解地说。"你说得对，"菲诺拉说，"按照不同的比例尺，实际的尺寸都是地图上尺寸的 25000 倍，甚至 50000 倍。我们需要去适应这种比例。"

看格鲁比和菲诺拉面前的地图。你知道图中标上数字的图例各自表示什么吗？答案在第 89 页。

格鲁比，当心！

现在，奇奇和格鲁比知道了自己的准确位置。他们沿着徒步路线走，不久就到达林木线。奇奇觉得很无聊，说："总是这么平缓的徒步路线，真没劲！"

"我更喜欢在崎岖不平的山地上跳来跳去！"话音刚落，它就不见了。格鲁比跟上来，不一会儿，他的脚底下就开始打滑，还踢飞了几块石头。"奇奇，你是怎么走的，为什么你脚底下不打滑？"他不解地问。"你必须用整个脚底踩在岩石上面！"奇奇回答道。"你说得倒轻松。"格鲁比心想。接着，他从背包里取出登山杖。"太好了，现在我也有四条腿了。"他笑着说。

仔细观察，你就会发现：岩羚羊为什么能在悬崖峭壁上灵巧地行走，而不会摔下来。看明白了吗？答案在第 89 页。

是什么东西在发光？

　　突然，格鲁比愣在那里，一动不动。是什么东西在发光？"一定是有人不小心打碎了玻璃瓶。"奇奇说。"不，"格鲁比反驳道，"玻璃碎片的形状可不是一个个精美的六角大楼的形状，这一定是某种矿石！"

　　这时，他们听到远处有人敲击东西的声音，就像啄木鸟在树上找食物发出的声音一样。可是，这不可能是啄木鸟，声音是从林木线以外传来的。不一会儿，他们看到一个男人从一个岩洞里爬出来，他从头到脚脏兮兮的。"救命啊，山里有鬼！"奇奇惊叫起来。

　　"别害怕，我不是鬼。"男人开口说话了。"我是卡西米尔，是挖晶人。""什么是挖晶人？"格鲁比好奇地问。"挖晶人就是在山洞里挖掘水晶矿的人。看我今天找到了什么？"

卡西米尔给他们看了几块精美的水晶石。格鲁比惊叹道:"太不可思议了!
简直比钻石还漂亮,还比钻石大很多哦!"

迄今为止,在
瑞士找到的最大的
水晶石有多重?
1. 30 千克
2. 800 千克
3. 3 吨
答案在第 89 页。

从石英到水晶

"跟我来!"卡西米尔对着两个好奇的小家伙说。 他把他们带到一个水晶岩洞里。 "经过数百万年的时间,晶体在这样的裂缝中形成,"他说,"它们是由石英形成的。 在阿尔卑斯山的形成过程中,滚热的岩浆使石英从岩石上脱落并沉积在裂缝中。 这些美丽的标本就在裂缝的空隙里生长。这个过程称为结晶。 因此我们把它们形成的结构称作水晶。"

格鲁比和奇奇达成一致:他们也要去寻找水晶石。

"怎么才能找到这样的岩洞呢？"他们问。"你得有好眼力、丰富的经验，更多的是要有好运气。"卡西米尔回答，"想要用工具挖掘水晶，必须要有有关部门的批准才行。"

"好吧，看来我们不能就这么简单地去寻找水晶。"格鲁比和奇奇垂头丧气地说。

天然水晶石每年生长多少？

1. 1 毫米

2. 千分之一毫米

3. 万分之一毫米

答案在第 90 页。

山间寻宝

卡西米尔安慰他们说:"别担心! 只要用心去找, 即使没有工具, 也能找到精美的水晶石或者其他矿石, 尤其是在挖晶人去过的地方。"

"但要注意的是:如果那里还有工具, 说明挖晶人还在工作。你们不能拿走任何东西。"确实, 格鲁比和奇奇找到一个岩洞, 里面到处都是亮晶晶的水晶碎片。格鲁比激动坏了, 他把整个背包都装满各种矿石, 背包沉得都没法抬起来。"你能帮我抬一下吗?"他问奇奇。

"不，"奇奇说，"你最好还是把这些矿石都放回原地，只带几块水晶石吧。"

"平原地带也有水晶吗？"格鲁比不舍地问。

"没有，"卡西米尔回答，"这种水晶石只有在阿尔卑斯山上才能找得到。但你可以在阿尔卑斯山山麓或者侏罗山找到化石。"卡西米尔从裤兜里掏出一块矿石，说："这是我的幸运符，看到这些凹槽了吗？这正是贝壳留下的痕迹！"

"什么？ 贝壳！"奇奇叫出声来，"它是怎么进入石头当中的？"

"这个我待会儿给你解释。"卡西米尔说。

你也想找到水晶石吗？
在第 90 页，你可以了解到
如何找到水晶石。

阿尔卑斯山是如何形成的?

卡西米尔把他的两只手紧挨着平放到岩石上。"我们假设一只手是欧洲大陆,另一只手是非洲大陆,"他说,"这两个大陆板块曾经向两边移动过,在它们中间形成了海床。"

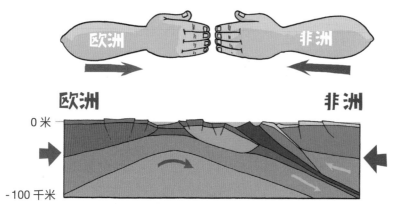

卡西米尔先把他的双手向外移动,然后再合上,直到双手手指相互接触。"大约7000万年前,非洲大陆板块和欧洲大陆板块又相互接近,直到它们相互碰撞到一起。"

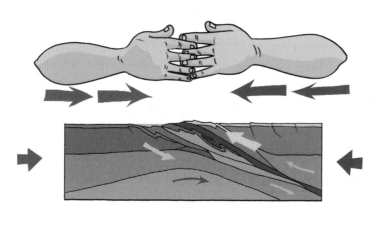

现在,卡西米尔开始把双手交叉在一起,并解释道:"大约 5000 万年前,这两块大陆开始相互挤压,这时,欧洲大陆板块被非洲大陆板块压在下面,直到两个大陆板块的边缘重叠起来。"

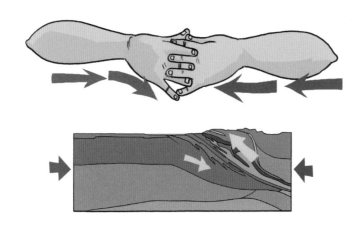

卡西米尔把双手合起来，就像在祷告一样。"这个重叠过程大约在 3000 万年前开始，今天还在持续。大陆板块受到高度挤压后上升，这样就形成了阿尔卑斯山。"

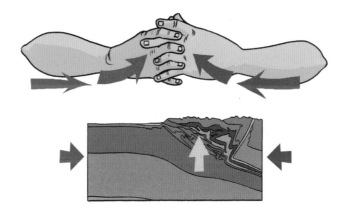

"那么，化石又是怎么回事呢？"奇奇问。"它们是在海洋沉积物里形成的，"卡西米尔回答道，"这样的沉积物可以在阿尔卑斯山山麓和侏罗山找到，我就是在那儿找到贝壳化石的。"

阿尔卑斯山依然在不断升高。你认为，地球表层的非洲部分（即非洲大陆板块）每年以什么样的速度向欧洲大陆板块移动？

1. 每年 1 毫米
2. 每年 1 厘米
3. 每年 1 米

答案在第 90 页。

冰川
——岩石搬运工

　　"这还不是全部，"卡西米尔说，"山不仅会长高，还会一次又一次地崩塌。早在数百万年前，大量的碎石被运送到瑞士中央高原，它们在那里沉积并形成石化的砾石堤，就是我们现在所说的钉头砾岩。你们可以在瑞吉山上欣赏它们。"

　　"谁把碎石运送了那么远？"格鲁比问道。"曾经是溪流和河流，现在仍然是溪流和河流。"卡西米尔说。

　　"现在给你们看一个塑造地貌的刨床，你们一定从来没见过！"卡西米尔带着奇奇和格鲁比来到一个拐角处——从那里，他们看到一条巨大的冰河。"明白了，这是冰川！"格鲁比激动地说。"可是，冰川和刨床有什么关系——你一定是想戏弄我们！"奇奇嚷嚷着，"再说，我肚子有点饿了！"

卡西米尔很冷静地说："你们看到对面高山上的线条了吗？这些线条以下的岩石都被磨光了，你可以看到线条以上锋利的岩石，对吗？""是的，可是……"格鲁比不解地说。奇奇不安地跺着脚。"这就是所谓的冰蚀上限。"卡西米尔解释道，"冰川表面曾经到达过那里。那个时候，我们现在站的地方都被冰层覆盖着。"奇奇和格鲁比听到这里都僵住了。卡西米尔却继续说道："这座巨大的古冰川像是一个刨床，刨蚀出了这些山谷的形状，同时也创造了数百万吨的碎石，这些碎石被河流搬运到瑞士中央高原。有时候，冰川本身也会把一些巨大的岩石块搬运到山谷。"格鲁比问道："人们是怎么知道这些知识的？""因为有无数的线索可以证明。"卡西米尔回答道，"岩石块就叫作冰川漂砾，分布在整个瑞士高原或者阿尔卑斯山山麓一带。"

你听说过冰川漂砾这个概念吗？你自己是否曾亲眼见过冰川漂砾？究竟什么是冰川漂砾呢？

答案在第 90 页。

冰川壶穴是如何磨蚀而成的?

卡西米尔还想给他们看另外一样东西。"你们从这儿往下看,这是什么呢?""是龙洞吗?"格鲁比激动地问。"不是,我看更像是汲水井。"奇奇说。"这是一个冰川壶穴,它就像一个研磨机。"卡西米尔揭晓了谜底。"那里究竟在研磨什么呢?"格鲁比问。"夏天时,大量的冰川融水沿着冰川的裂缝向下流,到达下面的岩层。根据裂缝的不同形状,水流开始旋转,这样就形成了一个挟带着大石块儿、沙砾和碎石的漩涡。这些岩屑物质不断研磨下面的岩层,于是洞变得越来越深。""太不可思议了,那得有多大的力量啊,换作我,一定要磨很久……"格鲁比惊叹地说。

瑞士哪座著名的城市
可以看到冰川壶穴?
答案在第 90 页。

"现在，我必须要休息一下。"奇奇说，"如果磨的是粮食，而不是石头，那该多好啊。这样我们就能烤面包吃了。"

"对，我们必须得去找点吃的，"格鲁比赞同地说，"我们随身带的食物已经吃完了。谢谢你给我们讲解了这么多有趣的事。祝你能找到很多宝石！"

奇怪的商队

不久，奇奇和格鲁比来到一条蜿蜒的山路上。迎面走来一列队伍，他们穿着打扮很奇怪，手里牵着马和驴。马和驴的背上驮着沉甸甸的货架，货架上装满各种各样的货物。"瞧，这些马驮的都是整轮的奶酪。"奇奇惊讶地说。格鲁比看到一只捆在马背上的箱子，上面写着"多莫多索拉"。虽然奇奇和格鲁比很饿，但他们的好奇心比饥饿还要强烈：这究竟是什么意思呢？

其中一个年轻男子正停在路边休息。格鲁比和奇奇走上前去，看到他冲他们微笑，格鲁比问道："你们是做什么的？要去哪儿？"年轻人友好地回答道："你们好，我叫雷米吉。你们愿意陪我们走一段吗？我可以边走边给你们讲解。"

在所谓的"驴马商队"里，不仅有马和驴，还有另一种强壮的运输动物，它们的爸爸是驴，妈妈是马。你知道这种动物叫什么吗？

答案在下一页揭晓。

和商队一起赶路

为了能跟上雷米吉和驴马商队，格鲁比和奇奇必须加快步伐。雷米吉开始给他们讲："在很早的时候，那时还没有汽车，商人们都使用骡子驮着货物穿越阿尔卑斯山，才能把货物运送到其他地方去。骡子是驴和马杂交所生。商人把斯布林茨奶酪从卢塞恩一路经过布吕尼希山口、格里姆瑟尔山口和格里斯山口，最后运到意大利的多莫多索拉。"

"在那儿，斯布林茨奶酪又被卖给船员，因为它们很硬，适合远洋航海的海员食用。商人用奶酪换来的钱，再购买葡萄酒和香料，然后带着这些货物经由阿尔卑斯山的几个山口返回到北方。 其中一条古盐道甚至就叫作斯布林茨之路。我们以驴马运输的方式来怀念那个时期。"雷米吉继续说道。

"那你们需要多久才能到达多莫多索拉？"格鲁比问。"全程预计要花 6~8 天。"雷米吉回答。"不行，绝对不行！"奇奇连忙喊道，"在肚子没吃饱之前，我一步也不想走！"

"你很走运，"雷米吉说，"我们打算在下一个村子过夜。"

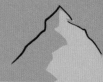

雷米吉和他的朋友们牵着骡子赶路。在穿越阿尔卑斯山运输货物时，古代商人为什么要使用骡子？

1. 因为它们比马快。

2. 因为它们比马更具持久力。

3. 因为它们比马更小心。

在第 90 页，你可以找到答案。

中途休整

　　离村子不远了。驴马商队所经过的地方，人们都投来好奇的目光。驮货物的驴马们当然要用最好的草料犒劳，奇奇也跟着好好吃了一顿。

　　雷米吉带格鲁比来到一栋石头砌成的房子前面。"这是一个货物集散地。"他说道，"以前，商队就是在这儿把货物转卖给另一个商队。另外，商人们在这里过夜的时候，还可以把他们的货物安全地存放到这里。"

　　"那么，苏斯滕山口的名称就是从这些仓库和商行来的吧？"格鲁比问。
"不完全是，"雷米吉回答，"苏斯滕山口是一个带有休息场所的山口，就像这里一样。"讲解完后，他和格鲁比来到一家舒适的餐馆。

有些货物集散地建造在河岸上，为什么呢？

答案在第 90 页。

到达高山牧场

　　饭桌上，牧场女主人斯蒂娜和他们攀谈了起来。"你们知道吗？很久以前，不只是商人从这里路过。"她说道，"所有少数民族都曾越过阿尔卑斯山迁徙到别的地方。比如，我的祖先是瓦瑟人。他们为了寻找工作和牧场，从瓦莱州翻山越岭来到这个山谷，最先在一个高山牧场定居下来。"

　　"高山牧场？"格鲁比问，"是不是就像电影《海蒂和爷爷》中的牧场那样，悠闲自在，有各种牲畜和家禽，还有奶酪和遍地的香草？"

　　"对，在我和我爱人乌里生活的高山牧场就有这些东西。至于那儿是否悠闲自在……"她想了想，突然说，"不如，你们和我一起去高山牧场。你们自己看看高山牧场的生活是什么样子。"

格鲁比激动坏了。他飞快地向奇奇跑去，大声喊道："我们要去高山牧场喽！""高山牧场又是什么？"奇奇疑惑地问道。"是你能想象到的最好的去处！"格鲁比一边笑着回答，一边拉着奇奇去找斯蒂娜。

你也许知道沃尔斯谷这个地名。瓦瑟人是来自沃尔斯谷吗？你认为呢？

仔细阅读本书，你就会找到答案，或者查看第 91 页。

山间军事要塞

在去往高山牧场的路上，他们经过一栋美丽的木制房子。"已经到了吗？"格鲁比气喘吁吁地问。奇奇却轻松地快步走在斯蒂娜旁边。"有可能，你可以进去看看。"斯蒂娜微笑着说。"哎哟！"格鲁比用手指敲门的时候，突然叫出声来。"这些门都是水泥做的，木头全是画上去的！"斯蒂娜解释说。

突然，一个隐藏的活门打开了，里面站着一位士兵。"这是布鲁诺，这个要塞的守护者。"斯蒂娜解释道。"这是一个掩体，你要是愿意，可以把这个小屋买下来，"布鲁诺笑着说，"因为人们今天不再需要堡垒了。你们想进来吗？"

格鲁比和奇奇几乎不敢相信他们看到的一切：炮台、卧室、活动室、弹药库、餐厅，甚至还有一个医疗所——所有这些都在深山里！长长的走廊、厚重的门和陡峭的台阶，更是给他们留下深刻的印象。"我只想做一件事：出去！"奇奇哀求道。而格鲁比正打算在指挥室坐下来，他觉得这一切都有趣极了。

为修建堡垒，阿尔卑斯山被凿出许多洞，就像埃文达奶酪一样。你认为，在瑞士有多少个这样的堡垒？
1. 15　2. 57　3. 82
答案在第 91 页。

在牧民家中

斯蒂娜、格鲁比和奇奇花了很长时间才走出堡垒，来到高山牧场。奇奇好受多了，它跳来跳去，享受着新鲜的空气。然而，格鲁比却累坏了。

可是，他们并没有多少时间休息。天色已晚，他们必须帮斯蒂娜把牛群赶回牛棚里，给它们挤奶，给猪喂食，把鸡赶回鸡笼里。此外，还要有人劈柴，用水冲洗前院。

格鲁比和牧场主乌里忙得不可开交，奇奇在一旁看着斯蒂娜一边做晚饭，一边准备睡觉的地方。

经过这样辛苦的一天，格鲁比的肚子其实非常饿——可是，他实在太累了，靠在饭桌旁就睡着了。

奶酪魔术师

第二天天不亮大家就起床了。格鲁比帮忙挤牛奶,奇奇和牧羊犬拉多负责放牛。不一会儿,斯蒂娜用木头生起火,把一口巨大的吊锅挂在火堆上。

她把刚挤出的鲜牛奶倒进锅里,慢慢煮开。"现在呢?"格鲁比问。"现在我放一点儿凝乳酶进去,再放一种秘密配方,其实就是自制酵母。"斯蒂娜说,"当锅里的混合物被加热到一定程度的时候,奶酪凝块就会从牛奶的其他成分中分离出来。剩下的部分叫作奶渣,可以拿来喂猪。所以,我们也会在山上养猪。"之后,这位女牧人用奶酪线切把奶酪凝块切碎,使它变成颗粒状,再对这些奶酪颗粒进行加热。接下来很关键:用一块干净的麻布伸到奶酪凝乳下面,包住,然后提起,倒入圆形模具中,让它成形。

之后,格鲁比和斯蒂娜把新鲜的乳酪转移到成熟窖中。"在奶酪成熟之前,必须把它放到潮湿的成熟窖中。在这期间,每天都要翻转并在盐槽中浸泡奶酪。"斯蒂娜说。"这么多活儿呢!"格鲁比说。他叹着气帮斯蒂娜抬走那个 20 千克重的大轮子。

在食品店里你可以
买到阿尔卑斯山牧场奶
酪和高山奶酪，你知道
它们之间的区别吗？

答案在第 91 页。

收割干草

当其他人忙着制作奶酪的时候，奇奇被乌里安排了另外一份差事：帮助乌里到陡坡上砍伐灌木和割草。奇奇二话不说，马上答应了："不如，待会儿我把草都吃掉，你就不用把草割下来，再运到高山牧场了！"

"不只是割草这么简单，"乌里说，"重要的是，要让草田保留下来，不能让灌木丛侵占掉。否则，这上面就没有草可以给牛吃了。"

说着，乌里砍掉长在草田边上的冷杉幼苗，把它们堆放在一起。他把灌木丛也砍掉并且连根拔起。"这些灌木明年又会长出来，我还得再来清除。"乌里一边干活儿，一边解释道。"干得好！"奇奇说，"反正我也不会吃这些东西。"

乌里把前一天割下来的草堆放到一个大网兜里扎起来，把网兜挂在滑索的挂钩上。嘿！网兜飞快地向下滑走了！"你也想滑下去吗？"乌里问。"最好别……"奇奇连忙回答。

你知道一头牛每天吃多少草，喝多少水吗？

答案在第 91 页。

自制农产品

　　斯蒂娜和乌里经营着一家高山牧场小餐馆。到了中午，第一批徒步旅客已经到来，他们在外面的宽木桌上坐下来。摆放在桌子上的自制农产品有阿尔卑斯山牧场奶酪、酸奶、家养牛的牛肉、阿尔卑斯山黄油、阿尔卑斯山草本茶、蓝莓蛋糕和家养母鸡下的蛋，甚至还有乳清皂和金盏菊药膏。"这样一来，我们可以更方便地出售我们的产品。"斯蒂娜说。格鲁比和奇奇进进出出忙着招待客人。

　　客人终于走了，奇奇和格鲁比累得瘫坐下来。"怎么样，高山牧场的生活如何？像电影《海蒂和爷爷》里那样悠闲自在吗？"斯蒂娜问。"不完全是。"格鲁比回答。"但尽管如此，这里的生活还是很美好的！"奇奇说。

"乳清皂和金盏菊药膏也是你们牧场制作的吗？"格鲁比问。"不，"斯蒂娜说。"这两样东西是我妈妈在下面的山间农场制作的。 明天我反正要下山去村子里——你们想和我一起去拜访我父母吗？""当然好啦！"奇奇和格鲁比大声说。

你能在图中找出不在阿尔卑斯山上生长或生产的食物吗？或者哪些食品的食材不是来自阿尔卑斯山的山农？
答案在第 92 页。

在山间农场

第二天，斯蒂娜带着格鲁比和奇奇下山，来到山间农场。斯蒂娜的父亲已经在等待两位访客。他说："今天天气不太好，所以我有时间带你们去参观农场。天气好的话，这会儿我们应该在收割草料。"农场里的东西好多呀！

农场商店

猎人汉斯

在农场，斯蒂娜的父亲带格鲁比和奇奇去猎人汉斯家里。

"进来吧，你们一定口渴了。"汉斯说道。

走廊的墙上挂着很多有角的动物骷髅。"这个是雄鹿角，"汉斯解释道，"你们在这边看到的是几个漂亮的野山羊角，那边……"汉斯话还没说完，就听见一声刺耳的口哨声（岩羚羊在遇到危险时，会发出口哨般的叫声）—— 奇奇不见了。"天呐，这是岩羚羊的角！"格鲁比跺着脚说。接着，他皱起眉头说："你怎么能射杀无辜的岩羚羊呢？"

"听我说，"汉斯说，"岩羚羊感到害怕我能理解，可是，如果不狩猎的话，我们森林里和山里就会有太多的动物。特别是在冬天，它们找不到足够的食物，一定会饿死的。针对猎人有很严格的规定。射猎岩羚羊只能在 9 月份进行，允许被射猎的动物数量也非常有限。幼小的动物或哺乳的母畜是不允许被射猎的。"

"那我们怎么解释，才能让奇奇明白呢？你知道吗？"格鲁比问。汉斯说："我干脆和你们一起去山间走走，这样我就能带你们看很多东西。"

用数字标出的角分别属于哪种动物，你知道吗？答案在第 92 页。

是友是敌?

　　格鲁比和汉斯在附近的森林里找了很久，才在一棵树后面找到了奇奇。汉斯必须先发誓不伤害它，它才同意和他们一起走。"与其做这个猎人的猎物，不如做他的朋友。"奇奇心想。

　　汉斯把他们带到一颗冷杉幼苗的旁边，它已经没有了树梢。"你们看，这颗冷杉幼苗被野生动物咬过，没法成活了。要是很多公鹿、狍鹿或者岩羚羊在森林里乱窜，那么这里很快就没有足够的小树苗了。作为防护林、动物栖息地以及木材供应源，森林就无法承担这些重任了。正因如此，猎人还必须负责减少野生动物的数量。"

　　"我——我永远都不会吃树梢的。"奇奇向猎人保证。突然，树丛中发出沙沙的响声，奇奇吓得全身发抖，格鲁比用手抓住了它。"是——是什么？"它吞吞吐吐地问。"只是一只松鼠啦！"格鲁比笑着说。"可——可是，这里会不会有动物吃掉我？"奇奇战战兢兢地问。

　　"很少有动物去吃岩羚羊。"汉斯安慰它。

你认为, 在瑞士, 像岩羚羊这样的野生动物, 都有哪些天敌? 仔细看图, 答案很容易找到。

答案在第 92 页。

请保持安静!

　　他们来到一片林中空地,看到一块牌子。牌子上面写着"野生动物免惊扰区"。"这是什么意思?"奇奇问,"在这里就不会被猎人追捕吗?""射猎期间未必是这样,"汉斯说,"但到了冬天,很多人喜欢来山里滑雪或者在雪中徒步,你在这个区域就不会受到猎人和这些冬季运动爱好者们的惊扰。""你们人类真好。"奇奇说。

　　"不过,在户外活动时,有几项规则需要注意。"汉斯说。

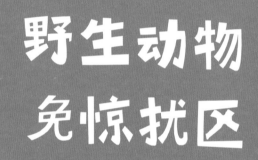

野生动物
免惊扰区

1. 注意"野生动物免惊扰区"和"野生动物保护区"的标志,并遵循上面的指示。

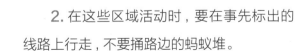

2. 在这些区域活动时,要在事先标出的线路上行走,不要捅路边的蚂蚁堆。

3. 特别是在冬季，要避免在森林边缘和无雪区活动。

4. 请用狗绳牵着狗。

"我是不是也该用绳子牵着你走？"格鲁比问奇奇。"为什么不呢？"奇奇反问，"这样我就可以假扮成狗，不用被猎人追杀了！"

在瑞士，不允许射猎的区域叫作什么？
答案在第 92 页。

野餐时间到了

不远处有一个火堆。"在这里生火休息要比在树底下好多了。"汉斯说。

可是哎呀！汉斯忘记带吃的了。奇奇却美滋滋地吃着周围的嫩草。"你真幸运！"格鲁比说，"你可以靠大自然生存！"

"我们也可以，"汉斯说，"看看你的周围，有很多东西是我们也可以吃的。""那我们可以喝什么呢？"格鲁比问。"这个我们就得小心谨慎了。不过，这个井里的水是可以喝的，里面没有海藻。小溪里的水越凉，离源泉就越近，水就越干净。"汉斯回答。

标数字的可食用植物和野果分别叫什么？

答案在第 92 页。

体验牧人生活

　　格鲁比一行离开了森林，继续往山上走。路上，他们碰到一名男子，他正在修围栏。"这是科比，他是牧民。 他的工作之一就是检查牧场围栏，防止牛走丢。"汉斯说。

　　"你来得正好！"科比对汉斯说，"看，牧场有头牛受伤了。"奇奇遇到了另一个麻烦：牧羊犬。"站着别动，它就不会理你。"格鲁比大声说，"你要是跑，它就会追着你跑！"奇奇只好强忍着不跑。

　　不久，他们找到了受伤的牛。"要从前面靠近牛，"科比说，"千万不要站在母牛和她的牛犊之间。"汉斯和科比仔细检查那条跛了的牛后腿。

"牛蹄发脓了，"汉斯看完后说，"依我看，它的主人必须把它牵回家。"格鲁比用盐引开牛群的注意力，汉斯和科比牵着牛朝山下走去。"再见，汉斯，谢谢你所做的一切。"格鲁比在他们身后大声喊道。

你知道牛犊、公牛和母牛的区别吗？
答案在第 92 页。

地下洞穴中的动物

格鲁比又听到一声口哨声。"又怎么啦？"他问奇奇。"没什么，我什么也没做，"奇奇回答，"叫声是从那边传来的。"他们向上张望，发现了两个胖乎乎的小东西——土拨鼠！"你们在这里做什么？"它们问格鲁比和奇奇。"天快黑了，我们需要一张温暖的床。"格鲁比说。"没问题，我们很乐意请你们去我们的洞里过夜。"土拨鼠回答。

洞里？格鲁比和奇奇透过一个小洞看下去，下面很深，黑漆漆的。"我进不去呀！"格鲁比大声说。"真可惜，"其中一个土拨鼠说，"我们把睡觉的地方铺垫得很舒服。整个冬天我们都在睡觉，消耗夏天积累起来的脂肪。很惬意的生活，不是吗？"

"也许吧。"格鲁比说。接着，他就看到奇奇正在地面上一阵乱刨。"你这是在干吗呀？"他问。"我也要挖一个这样的洞，这样猎人就找不到我了。"奇奇回答。

你知道土拨鼠靠吃什么生存吗？仔细看这幅图，你就会知道它们最喜欢吃什么了。

答案在第 92 页。

红皮球

奇奇很快就发现，它挖不了洞。"也许我们能找到一个岩洞。"格鲁比说。 突然，一个东西从山坡上面滚向他们——是一颗红色的皮球。"这是从哪儿来的？ 这里不会有儿童游乐场吧？"奇奇琢磨着。 格鲁比向皮球滚过来的方向看去。"一个棚屋！"他大声说，"一个真正的棚屋，上面还有瑞士国旗、百叶窗，烟囱里还冒着烟呢！"

"真没想到，这么高的地方还有人居住。"当他和奇奇来到棚屋前，格鲁比惊讶地说。

"多谢你们把球给我捡回来。"罗尼喊道。"你们在这儿做什么？"格鲁比问。"我们只是暑假期间住在这儿，"丽莎说，"这是一个瑞士阿尔卑斯俱乐部（SAC）棚屋，到了夏天，我们的父母就是这里的棚屋看管员。""吃饭了！"有人从屋里喊道。"一起进来吧。"罗尼对格鲁比说。他转身又对奇奇说："最好的草在后面的小河边。"

你知道瑞士有多少SAC棚屋吗？
1. 52　　2. 102　　3. 152
答案在第92页。

山间棚屋

　　饭后，丽莎带着她的客人们参观整个棚屋。 格鲁比和奇奇很吃惊。"看，居然还有专门放儿童读物和玩具的架子！"格鲁比说，"还有这儿，这么多桌椅——人都睡在哪里？""在上面。"罗尼大声说。"梯子这么陡，连我都得爬。"奇奇说。"请看，这里是给家庭睡觉的房间，还有这里，"罗尼说着打开下一扇门，"这里是给其他人睡觉的房间。 格鲁比，你运气真好，今天登记住宿的人不多，平时每到周末，这里的房间经常都被预订完了。""总有我睡觉的地方，"奇奇说，"比如在屋顶上，对吧？"

你知道 SAC 棚屋规则吗？

——你是否可以穿着登山鞋进入睡觉的房间？

——夜晚什么时间你就必须关灯并且小声说话？

——如何处理你的垃圾？

答案在第 93 页。

棚屋生活

　　"好在，我带了在山间棚屋里过夜的所有必需品。"格鲁比一边取出背包里的东西一边说。罗尼看到地板上东倒西歪的东西，不禁笑了起来，说道："你背的这些东西，很多都用不上！""不要紧，"格鲁比尴尬地回答，"是一次很好的锻炼……"

　　格鲁比很快就收拾好东西，躺在床上试着入睡。然而，一旁的徒步旅客在打呼噜，声音如此之大，格鲁比被打扰得无法入睡，他穿上拖鞋，来到外面。"也不知道奇奇睡了没？"他暗自问道。

哎呀，从格鲁比出门冒险到现在，他的背包里不知不觉地增添了好几样东西。在山间棚屋里住宿时，哪些东西需要带上，哪些不需要？

答案在第 93 页。

观察星空

　　果然，格鲁比出了棚屋立刻就遇到奇奇。还有一个人也在那儿，她就是棚屋管理员妮可。此时外面漆黑一片，伸手不见五指。妮可说："你们看天上！""噢，我从来没见过这么多星星！"格鲁比惊讶地说。"对，因为市区有很多灯，所以在晚上不会像山上这么黑。"妮可解释完又补充道，"你看到天上那条发光的带子了吗？那就是银河系。它是由几百万颗星星组成的。从远处看，我们的太阳也是这样一颗星星。"

　　"看那儿，一只海豚！"格鲁比突然叫起来。妮可和奇奇转过头来。"你们看不到吗？这一组星星排列在一起，看上去像极了一只海豚！""还有那儿，不是一只岩羚羊吗？"奇奇叫起来。妮可笑着说："人类确实很早就看到过这些星座。"

　　"当心！"奇奇叫起来，缩成一团。"一颗星星要砸到我们头上了！""别担心，"妮可笑着说，"这些只是陨石。在坠落到地上之前，它们会烧毁。坠落中的陨石叫作流星。""听说，看到流星时，可以许一个愿。"格鲁比说。"你知道的，我很喜欢你，可是我想找到其他岩羚羊，和它们在一起。"奇奇回答。格鲁比听完有些难过，不过，他很快又高兴起来了，说道："明天你出去到处走走。谁知道呢，也许你的愿望明天就能实现……"

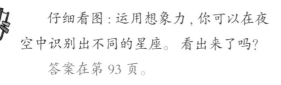

　　仔细看图:运用想象力,你可以在夜空中识别出不同的星座。看出来了吗?
　　答案在第 93 页。

刺激的山间娱乐项目

第二天，格鲁比还没完全醒，就听到有人在喊。"耶——！"从四周的山崖传来回音。"是不是奇奇在喊呢？"格鲁比一边想，一边往外跑。原来是罗尼，他正挂在一条长长的滑索上飞向对面。"这是高空滑索。"丽莎自豪地解释道。

"是我爸爸做的，他在旁边的时候，我们可以使用滑索。"丽莎说道。格鲁比毫不犹豫地抓住滑索，棚屋管理员库尔特给他系好安全带，一转眼，他就从棚屋滑到对面的山谷。那里有一个小湖，甚至还有一条小船。

玩过高空滑索后，罗尼一把拉住格鲁比的胳膊，开心地说："我爸爸带我们去攀岩公园！"因为库尔特也是登山向导，他二话不说，就给格鲁比系上腰带和腿套，扣好登山扣，并给他戴上头盔，穿上攀岩鞋。"带子好紧呀！"格鲁比被勒得直喘气。"必须要勒紧，"库尔特说，"这样你的身体在岩石上才会稳定。"

说着，库尔特就把格鲁比固定在绳子上。"我会保障你的安全，你现在像岩羚羊那样往上爬。"他说。格鲁比很快发现：说起来容易，做起来难。很快，他就累得筋疲力尽，最后只好放弃。"我看，你最好在这儿待上一个星期，这样我就可以给你们集体上攀岩课。"库尔特提议。"太好了！"格鲁比、罗尼和丽莎一起欢呼起来。

　　库尔特把绳子系在格鲁比身上，打了一个"8"字结。"8"字结是登山爱好者最常用的绳结之一。自己试一下：例如，你能把一条椅子腿用"8"字结拴起来吗？

　　在第93页，格鲁比一步一步教你如何打"8"字结。

再见了，奇奇！

　　到了下午，库尔特把孩子们叫到身边。"你们从望远镜里看，"他说，"看到岩石上的攀岩者了吗？""太不可思议了！"格鲁比说，"他们像蜘蛛一样紧贴在岩壁上，挂在那么小的把手上前行！"接着，他还看到了其他东西。"那边那块岩石后面，不是2只岩羚羊角吗？看，现在已经是4只、6只、8只角了！"

果然，那儿出现了一群岩羚羊，一只在最前面跳来跳去——奇奇！就在其他岩羚羊在一旁停下的时候，奇奇回到格鲁比身边。"非常非常感谢你带我到山里来。我自己永远都没有勇气做到。"它一边说，一边强忍着眼里的泪水，"我现在找到了自己的归宿！"格鲁比挠着奇奇的脖子说："再见了，奇奇！和你一起在山间探险真是妙不可言。我现在要在库尔特这里认真学习攀岩，说不定有一天，我们可以一起在岩石上跳着玩儿呢……"

　　"好主意！"奇奇说，"你每次来到山上，我都会来找你、丽莎和罗尼，我还要给你们表演我的攀岩技能。"

　　格鲁比和奇奇最后一次拥抱在一起。当他再次回头向奇奇挥手的时候，岩羚羊已经变成岩壁上的一个个小点。其中的一个点就是奇奇。几秒钟后，它们就完全消失了。

参考答案

P 8/9: 去山间!

在图上,你能看到艾格峰。它以其北壁著称。不过,岩羚羊不会爬上艾格峰,只有登山爱好者会带着绳索和登山扣探索这座山峰。

P 10/11: 格鲁比收拾行囊

远足或外出登山需要带以下物品:葡萄糖块、坚果仁、小刀、水瓶、太阳镜、轻便雨衣、遮阳帽、防晒霜、游戏纸牌、水果。

P 12/13: 整装待发

其他有皮毛的动物是野山羊、公鹿、矮鹿、獾、狼和狐狸。当然,雪兔也可以算在里面。

P 16/17: 聪明人乘火车出行

悬空缆车你一定看到了。区分缆索铁路和齿轨铁路会稍微有点难。因为缆索电车的车厢是悬挂在缆索上的,所以缆索铁路总是直线行驶。齿轨电车靠齿轮在齿轨上运行,因此,齿轨铁路也可以是曲线。

P 20/21: 如何预测天气?

答案很简单。飞虫是燕子的主要食物。飞虫飞得低,燕子也就飞得低。

P 22/23: 遇到打雷和闪电怎么办?

你一定猜到了:在树木差不多齐高的森林里(1)、在岩石下面(3)或者在汽车里(5)都是安全的。封闭的汽车这时候如同一个避雷针。金属物件附近就比较危险,比如山顶上的十字架(4)、缆车支撑杆(6)或者通电的牧场围栏(2)附近。

另外:如果天空出现闪电时,你的四周是空地,那么你应该把所有金属物件(雨伞、徒步手杖)尽量放远,双脚并拢,缩起头蹲下(但不要坐下),等雷雨过后,再站起来。如果你跑到棚屋里避雨,而棚屋没有避雷针,那你应该待在棚屋中间,远离灶台、烤箱和各种管道。当你暴露在户外的某方位,如山脊、山峰或者独立的树下时都很危险,因为这些地方常常容易被闪电击中。

P 24/25: 当心：起雾了！

你一定预感到了：格鲁比不该撇下奇奇独自去探路。山里起雾的时候，大家一定要一起行动，这至关重要。

最好大家一起走几步，看看能否在附近找到徒步路线标志。如果看不到徒步路线标志，就一起返回上一个标志的位置，从这个位置再重新探查。

P 26/27: 迷路了怎么办？

你一定猜到了：

第一种说法：黄色标记；

第二种说法：白一蓝一白标记；

第三种说法：白一红一白标记。

P 28/29: 按照地图上的路线走

1. 缆车；2. 废墟；3. 森林；4. 铁路线；5. 公路；6. 教堂；7. 河流；8. 建筑物（村落）。

P 30/31: 格鲁比，当心！

与其他动物相比，岩羚羊的腿长而有力，蹄子很大。到了夏天，蹄子外壳的边缘会在岩石上磨掉，使得脚掌变得柔软，岩羚羊在山地上就能站稳。到了冬天，蹄子锋利的外壳边缘则会帮助它们在结冰的地面上稳步行走。

P 32/33: 是什么东西在发光？

普朗根施托克山的宝石是阿尔卑斯山水晶石中最重要的发现之一。2005 年，弗朗兹·冯·阿尔克斯和鲍尔·冯·卡埃内尔在那里挖掘出将近 2 吨的罕见水晶石。该水晶石晶体为晶簇，重达 300 千克，中央水晶体长达 107 厘米。整个晶簇陈列在伯尔尼自然历史博物馆里，价值450 万瑞士法郎。来自瓦莱州的沃纳·施密特的运气更好。他在甘奇地区找到了一块重 800 千克，保存完好的巨型烟水晶（也叫烟晶、茶水晶或茶晶），这块烟水晶陈列于他在莫雷尔（瓦莱州）创办的私人博物馆内。

P 34/35: 从石英到水晶

水晶矿石的生长速度非常慢，每年大约只生长万分之一毫米。换句话说，一块10厘米长的水晶石大约需要100万年才能形成！

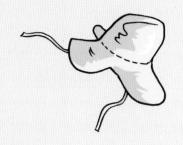

P 36/37: 山间寻宝

在瓦莱州碧茵山谷自然公园里专门设有寻找水晶的徒步路线，在挖晶人的带领下，每位游客都可以找到几块漂亮的水晶石。

P 38/39: 阿尔卑斯山是如何形成的?

地壳现在以1~10厘米每年的速度移动——大约相当于我们手指甲的生长速度。非洲大陆现在以大约1厘米每年的速度靠近欧洲大陆，以前大约是2~3厘米每年。照这样推算，和现在相比，1亿年前的非洲大陆距离欧洲大陆大约2000千米。

现今，阿尔卑斯山仍然以每年大约1毫米的速度增长。但它们几乎不会比现在更高，因为它们同时也在以1毫米每年的速度被不断剥蚀。你知道为什么喜马拉雅山这么高吗? 因为印度板块以20厘米每年的惊人速度向亚洲"突飞猛进"!

P 40/41: 冰川——岩石搬运工

冰川漂砾是山崩时掉落在冰川上的巨大石块，被冰川搬运到很远的地方并停留在那里。在索洛图恩州的森林里就能找到巨大的花岗岩，它们被冰川从勃朗峰搬运到150千米以外的地方。有些地方，比如瑞吉山，聚集了大量漂砾，它们甚至被用来做护壁。

P 42/43: 冰川壶穴是如何磨蚀而成的?

如果想看冰川壶穴，最好到卢塞恩的冰河公园。在那儿，你还能了解到有关瑞士冰川和不同冰河期的很多有价值的信息。

P 46/47: 和商队一起赶路

一般来说，骡子比马更适合作运输工具。因为马虽然很强壮有力，但它们迈后腿的时候不太留意，在狭窄的古盐道上，马会因后腿踩空滑下山谷，这样很危险。骡子走起路来更小心，因此很少会滑倒。

P 48/49: 中途休整

有些货物集散地确实建在河岸上，这样，货物就可以直接从船上转移到驴马的背上或从驴马的背上转移到船上。这样的货物集散地今天还可以看到。

P 50/51: 到达高山牧场

不，瓦瑟人不是来自沃尔斯谷。 800年前，他们从瓦莱州和马贾谷迁移到别的地方。 他们首先在后莱茵河谷地区定居，后来又在沃尔斯谷定居下来。

P 52/53: 山间军事要塞

令人惊叹的是：根据网络平台维基百科提供的资料，瑞士有 82 个堡垒建于第二次世界大战期间。 其中 27 个作为博物馆对外开放。 在菲茨瑙堡垒（卢塞恩州）中甚至开设了"堡垒旅店"，里面通常由几千米长的潮湿的过道连接着炮台、弹药库、餐厅、休息室、指挥室和堡垒医疗所，你可以在这里体验当时的生活情形。

P 56/57: 奶酪魔术师

阿尔卑斯山牧场奶酪和高山奶酪的区别在于：真正的阿尔卑斯山牧场奶酪仅在夏季的阿尔卑斯山牧场上制作，奶源来自阿尔卑斯山牧场上放牧的奶牛。 高山奶酪的奶源来自山区，但奶酪是在山谷中较大的奶酪作坊里制作的。

P 58/59: 收割干草

一头 600 千克重的牛每天吃 50~80 千克的草，喝 50~60 升的水。 到了冬天，它们每天只吃大约 20 千克的草，但要喝 100 升的水。

P 60/61: 自制农产品

山农不能自制糖块儿、橙汁和巧克力。高山牧场上不生长蜜瓜、坚果、香蕉和胡椒。山农可以提供制作肉制品的材料。

P 64/65: 猎人汉斯

1. 矮鹿; 2. 野山羊; 3. 岩羚羊; 4. 公鹿。

P 66/67: 是友是敌?

岩羚羊的天敌是狼、狐狸和野熊。

P 68/69: 请保持安静!

在瑞士，不允许射猎的区域叫禁猎区。禁猎区是联邦野生动物保护区，里面绝对禁止狩猎。但是，很多州还额外划分出野生动物保护区和免惊扰区。有些州，比如格劳宾登州十分之一的面积由野生动物保护区组成。

P 70/71: 野餐时间到了

1. 榛果; 2. 百里香; 3. 鸡油菌; 4. 越橘; 5. 野草莓; 6. 荨麻; 7. 欧洲栗; 8. 葛缕子; 9. 山毛榉叶; 10. 熊葱; 11. 蓝莓。

P 72/73: 体验牧人生活

牛犊、公牛还是母牛？母牛的定义最简单，生过至少一头牛犊的牛就叫母牛。牛犊也很容易判定，性成熟前的小牛就是牛犊。性成熟指动物有繁殖能力。大约1岁以上的牛就有繁殖能力。公牛则是指1岁以上的雄性牛。

P 74/75: 地下洞穴中的动物

土拨鼠最喜欢吃三叶草、青草和水分含量高的野果，吃完野果后它们几乎不用再喝水。

P 76/77: 红皮球

瑞士有 152 个 SAC 棚屋，里面有9000 多个床位。有些棚屋相当于简易山间旅店，可以容纳 100 多人过夜，但也有一些仅仅作为应急住所的小型夜间营地，里面仅有几张床铺。

P78/79: 山间棚屋

当然，登山鞋不能穿到寝室里，它们要放到门口的鞋架上。为此，户外鞋架前面放有专门适合在室内穿的鞋，供客人使用。晚上 10 点就要关灯睡觉，因为你旁边睡的有可能是登山爱好者，他们第二天大清早就要起床赶路。如何处理你的垃圾？把垃圾放到一个小垃圾袋里带下山。山上也要非常节约地用水用电。因为山上经常缺水，另外，将水引到山上也很不容易，而且山上没有足够的用来发电的太阳能设备。

P80/81: 棚屋生活

以下是需要带到 SAC 棚屋的物品：洗脸毛巾、香皂、小毛巾、牙刷、牙膏、手电筒、耳塞 (愿意的话)、小毛绒动物 (必要的话)、麻质或丝质睡袋、睡衣、睡觉穿的袜子。

P82/83: 观察星空

最出名的星座要数小北斗七星和北斗七星了，而北斗七星又是大熊星座的一部分。如果把北斗七星的后轴线延长至 5 倍，就能找到北极星。北极星是小北斗七星当中最亮的那颗星，也是夜空中唯一一颗看上去不动的星星。北极星几乎精确地指向北边。因此，在北半球，航海家们长期以来根据北极星来辨别方向。

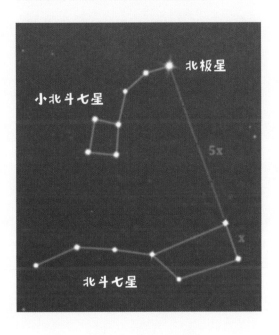

P84/85: 刺激的山间娱乐项目

如图打 "8" 字结的步骤：

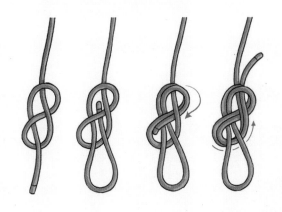

给家长的指导方案

P 10/11: 格鲁比收拾行囊

——装上东西后，儿童背包的重量不应该超过体重的十分之一。沉重的装备应该放到成人背包里。儿童可以背干果片、中途吃的葡萄糖片，以及太阳镜、小刀和自己的水瓶。如果是一天以上的徒步旅行，还可以再带上一只毛绒玩具、睡衣和手电筒。无论如何，要带上一件轻便雨衣、遮阳帽和防晒霜。

——额外的饮用水（遇到干净的井水或泉水时，可以再把水瓶装满）以及长时间休息时要吃的东西要放到成人背包里。带点蔬菜和水果，比较适合带在路上的食物可以是黄瓜或胡萝卜、香肠、硬奶酪、面包以及坚果（或者学生款混合坚果包）。徒步医护包里应该放上一瓶消毒液、创可贴、轻便绷带、一个小夹子、冷却膏药。如果要做一天以上的徒步旅行，最好再带上一些家庭常用药（每样一片即可）。

——背包的重量影响徒步旅行的体验。因此，不要带不必要的东西，即便是必要的东西，也要尽量减少它们的重量。西瓜和重量超过 500 克以上的工具就没必要带了。

——重要注意事项：给孩子背背包时，要把背包调好，让背包的重量适当地分布到背部。好的背负系统很重要。购买登山鞋时也不应该太节约，好的登山鞋必须对脚踝起到支撑作用，而且鞋底的防滑性能要好。

P 14/15: 现在怎么办?

如果打算带儿童徒步旅行，本书有一些建议：

——儿童喜欢听故事，因此，山间设有专题徒步路线。家长可以在徒步过程中讲述与这里相关的历史故事。

——儿童喜欢对他们有吸引力的徒步路线，特别受欢迎的目的地是儿童游乐场、篝火和可以游泳的湖。

——儿童热爱内容丰富的活动项目。他们更喜欢崎岖不平的山路，穿越森林和田野，而不是走几千米长的林间大道，去挨个儿观赏沿途风景。

——儿童喜欢悠闲自在。如果想给孩子留出自由的空间，可以让他们在道路边缘发现有趣的东西，或者自发地玩耍，徒步项目可能会缩短到几千米。因此，在做比较长的徒步旅行时，要把可能的近路计划在内。

——比起上坡路，儿童更喜欢走下坡路，毕竟儿童和成年人的喜好是完全不同的嘛……

——有一个屡试不爽的办法，可以把青少年吸引到山间，那就是寻宝游戏。玩这个游戏时，需要有 GPS 接收器和定位器，按照定位器上显示的路线寻找宝物。

P 20/21: 如何预测天气?

为了一家人能够无忧无虑地徒步旅行，可以列一个简短的气象检验清单。

——首先要仔细研究天气预报，比如可以在网上查询天气情况。

——无论如何，观察天空总没什么坏处。以下现象可能决定天气情况：

晚霞 / 朝霞：

——朝霞常常是雨天的标志。出现晚霞时则相反，西边的天空晴朗，也就是说，这一天不会下雨。

飞机的凝结尾气（飞机云）：

——如果飞机的凝结尾气不散去，这说明高空中的水分很多。这可能就是雨天来袭的第一个征兆。

积云：

——积云或者"白花菜云"出现时：在专业术语里，这叫作积云，常在晴天出现。地面温度上升，会导致气流上升，从而形成积云。

积雨云：

——积云也可能导致乌云，即所谓的积雨云的形成。如果天气预报预示会有雷雨，就必须时刻关注积雨云的发展变化。因为雷雨的形成速度非常快。

面纱云或羽状云：

——面纱云或羽状云在术语里叫作卷云。如果它们变得越来越稠密，而且下端逐渐下降，可以被看作是暖锋的迹象。暖锋过境时，晴天慢慢转为云雨天气。

P 22/23: 遇到打雷和闪电怎么办?

今天，人们用"30/30 规则"来估计雷雨出现的可能性。如果从看到闪电到听到雷声之间的间隔不到 30 秒，那么雷雨离我们的距离在 10 千米以内，这说明出现雷雨的可能性很大。如果看到闪电和听到雷声的间隔超过 30 分钟，说明雷雨已经过去。

P 24/25: 当心：起雾了!

——在山间活动时遇到的危险之一就是雾，雾常常比雨和雪还要危险。大雾会让人偏离正确的道路，迷失方向，错误地估计距离，无法辨别是往山上还是往山下走，又或是在一个地方绕圈子。

——如果移动电话的接收信号良好，可以借助手机 App 来确定自己的位置，识别方向。但是，移动电话需要具备很强大的电池，即便在寒冷的环境下电量也完全不会流失。然而，没有信号什么都不好使，网络供应商不同，移动电话在山区接收信号的强度也不同。

——最重要的辅助工具仍然是地图，它可以提供整个地区范围内徒步路线的总体概况。但看地图的技巧也需要学习和锻炼。使用指南针辨别方向需要更多的练习。另外，用这种方法识别方向有时候会使计划徒步时间延长好几倍。

P 30/31: 格鲁比，当心！

如何能做到像岩羚羊一样在山地上安全地行走，为此有以下建议：

——徒步手杖可以帮助行走，从而把重心转移到脚上。下坡时，徒步手杖还可以帮助缓解膝盖负担。

——在陡峭的山地上行走时，最好让双脚完全着地，尽管脚踝可能会被扭伤。

这样会使脚底和地面之间的摩擦增大，减少滑倒的可能性。坚固的鞋可以大大增加脚底的稳定性，尤其在雪地里。

——最好的建议是，平时散步时，让孩子从一块石头跳到另一块石头上，由此来找到身体的平衡感。当某一天真正在没有路的山地上徒步时，身体的平衡感就会起到非常重要的作用。

P 82/83: 观察星空

针对流星，这里再补充一句：除了个别出现的流星外，还会有所谓的流星雨。当地球和彗星的运行轨道相碰撞，太空中的尘埃颗粒（流星体）在大气层中燃烧，从而形成流星雨。流星雨在太空中的运行速度可以达到 25 万千米每小时。

P 84/85: 刺激的山间娱乐项目

攀岩时安全最重要。如果你的攀岩技术不是很熟练，就必须要在专业人员的指导下进行。